AF460637

CONSULTATIONS VÉTÉRINAIRES PAR CORRESPONDANCE

LE
Vade-Mecum du Chasseur

ET DE

L'AMATEUR DE CHIENS

PAR

J. ADAM

VÉTÉRINAIRE SPÉCIALISTE

à Maisons-Laffitte, près Paris

2 bis, AVENUE DE POISSY, 2 bis

PARIS

IMPRIMERIE PAUL DUPONT

4, RUE DU BOULOI, 4

1894

LE VADE-MECUM DU CHASSEUR

ET DE

L'AMATEUR DE CHIENS

CONSULTATIONS VÉTÉRINAIRES PAR CORRESPONDANCE

LE
Vade-Mecum du Chasseur

ET DE

L'AMATEUR DE CHIENS

PAR

J. ADAM

VÉTÉRINAIRE SPÉCIALISTE

à Maisons-Laffitte, près Paris

2 bis, AVENUE DE POISSY, 2 bis

PARIS

IMPRIMERIE PAUL DUPONT

4, RUE DU BOULOI, 4

1894

Autopsie des animaux envoyés par les personnes qui désirent connaître la cause de la mort et éviter le retour de pareil accident.

Prix de l'autopsie : 5 francs

Examen microscopique des humeurs, sang, parasites, croûtes et produits cutanés provenant d'animaux malades.

En général les maladies de la peau du chien ont une même apparence quoique étant de nature différente ; nous prions donc les personnes qui nous consultent de nous envoyer le suc extrait par pression des boutons quand il y en a, étalé sur un morceau de papier blanc et les croûtes obtenues en grattant jusqu'au sang ; de cettte façon on est sûr d'avoir des parasites s'il y en a. Il n'est guère possible, en effet, de diagnostiquer sûrement une maladie de peau sans l'examen microscopique préalable des croûtes ou des produits de sécrétion.

Après l'étude microscopique de ces matières on peut prescrire avec certitude un traitement rationnel.

RECOMMANDATIONS ET RENSEIGNEMENTS

UTILES A CONNAITRE

Pour élever un jeune chien et le préserver autant que possible de la *Maladie*, c'est surtout par une bonne hygiène qu'on y arrivera. Malheureusement, les éleveurs qui la redoutent énormément, au lieu de rechercher un atténuatif dans les moyens simples et rationnels de l'hygiène, livrent carrière à la folle du logis et se vouent à mille prétendus remèdes aussi inefficaces qu'absurdes ; mais l'esprit de routine est infatigable ! Foule de recettes barbares et empiriques sont journellement publiées pour éviter et guérir cette maladie; en général, toutes ces prescriptions sont dangereuses ; ce sont souvent des décharges à mitraille dont quelques éclats peuvent atteindre par hasard l'ennemi (la maladie) mais presque toujours le malade. Nous constatons tous les jours que l'abus de ces médicaments préconisés pour guérir tue un plus grand nombre de jeunes chiens que la maladie elle-même.

Il y a aussi certaines pratiques ridicules qu'il faut rejeter.

Ainsi chez tous les jeunes chiens on fait, en pressant l'anus, sortir une humeur blanche fournie *normalement* par les glandes anales, on prétend qu'en ayant soin de provoquer chaque jour par la pression l'évacuation de cette humeur, on atténue la gravité du mal; c'est une erreur, car cette humeur est normale.

Il en est de même pour cette opération aussi ridicule que barbare qu'on appelle *éverration* et qui consiste à l'extirpation d'un prétendu ver de la langue du jeune chien ; ce fameux ver n'est autre chose que le tendon des muscles sustenseurs de la langue, la nature l'a donné au chien pour opérer la succion et le lapement, il existe donc chez tous les chiens sans exception, il est peut-être un peu plus apparent et plus superficiel chez les jeunes.

L'*emplâtre* de poix sur la tête est de la même école, elle agit exactement comme un cautère sur une jambe de bois, mais l'esprit de routine est infatigable.

Pour faire prendre une potion liquide à un chien, on le tient dans un coin entre les jambes, la tête en avant, on lui porte le nez un peu en haut, on tire à soi un des coins des lèvres, ce qui forme une espèce d'entonnoir où un aide verse lentement le liquide avec la fiole sans qu'il soit besoin de faire desserrer les mâchoires ni de lui serrer le nez ; si le chien tousse au moment de l'administration du médicament, on interrompt afin de lui donner le temps de se reprendre, on lui baisse alors la tête et on le laisse tousser à son aise.

Si, au contraire, on ne prend pas ces précautions, si on ouvre largement les mâchoires et qu'on verse à flot le breuvage dans la gueule, le liquide prend presque à coup sûr une fausse direction, pénètre dans la trachée et peut causer l'asphyxie immédiate de l'animal.

MALADIES DU JEUNE AGE

La *Maladie des jeunes chiens* est généralement la conséquence d'un sevrage trop hâtif, d'un régime débilitant et surtout de ce sot préjugé que la viande fait du mal au chien. C'est surtout par une hygiène bien conduite qu'on arrivera à l'éviter; il faudrait tout d'abord sevrer le jeune chien le plus tard possible et continuer jusqu'à l'âge de six mois à ne lui donner que du lait comme boisson exclusive.

La base de la nourriture doit être une pâtée à la mie de pain et à la viande hachée très finement et arrosée d'un peu de bouillon, elle ne doit jamais être trop liquide; deux ou trois repas par jour de cette pâtée à laquelle on doit ajouter une prise de *poudre d'os* finement pulvérisée. Donner aussi de l'*huile de foie de morue* brune en en mouillant quelques morceaux de viande crue qu'on donne le matin à jeun. Tous les quinze jours on donnera une prise d'un gramme de poudre de *semen-contra* très frais dont on fait une boulette avec du beurre.

Il importe d'autant plus que la nourriture soit saine et fortifiante, qu'elle peut avoir une influence considérable sur son développement corporel ultérieur et sa faculté de résistance aux maladies.

Autant que possible il faudrait au jeune chien procurer un compagnon de jeux, car l'exercice est indispensable au développement des jeunes animaux, le faire coucher dans une écurie dont la chaleur est bien préférable à celle des appartements; bon lit de paille fraîche, fréquemment renouvelée.

Tous les chiens sont atteints de la *Maladie du jeune*

âge avant l'âge de 12 à 15 mois, mais elle n'a pas toujours la même intensité et souvent elle passe inaperçue sur ceux soignés d'après nos principes ; elle n'atteint qu'une fois le même individu.

La *peau* offre fréquemment une éruption vésiculeuse qui envahit d'abord les parois inférieures de la poitrine, du ventre et de la face interne des cuisses, puis tend à se propager au reste du corps. Cette éruption ne constitue pas une aggravation, au contraire, il semble que cette poussée du dedans au dehors fait avorter les inflammations des organes internes ; il faut donc éviter de l'entraver par des bains intempestifs qui sont souvent administrés par suite d'erreur de diagnostic. Il faudra, au contraire, le tenir chaudement, administrer quelques excitants tels que le café qui favorise l'éruption ; la poudre de Sedlitz granulée rendra d'efficaces services en augmentant les sécrétions dépuratives.

Si, malgré ces préceptes indiqués, la maladie atteint un jeune chien, les germes auront peu de prise sur sa constitution rendue robuste par une hygiène rationnelle et l'affection sera légère et fugace ; dans ce cas, voici les soins à donner, soins qui varient suivant la forme que prend la maladie :

1° Si c'est la forme catarrhale *ophtalmo-nasale-bronchique*, c'est-à-dire s'il survient du jetage par le nez et les yeux, accompagné d'une toux, continuer le régime ci-dessus et faire prendre 3 pilules dites *anticatarrhales bronchiques* par jour (le matin, midi et soir).

2° Si la maladie s'aggrave et se montre sous forme de bronchite, de pneumonie que l'on reconnaît à la difficulté et à l'accélération de la respiration, aux mouvements des lèvres et des joues qui rentrent et sortent à chaque inspiration et expiration, à l'abattement du malade, à son inappétence, il faut immédiatement faire une application de pommade stibiée à 4/32 sur les côtes en arrière des coudes et de chaque côté, après avoir préalablement tondu les poils sur ces régions, faire prendre ensuite toutes les deux heures un paquet de *poudre pectorale Adam*, pétrie dans du beurre ou un peu de miel du volume d'une noisette.

Comme nourriture : lait frais, quelques boulettes de viande crue hachée et œufs crus. Sous cette dernière forme cette maladie est très souvent mortelle.

3° Si c'est par la forme diarrhéique et avec vomissements que la maladie débute, faire prendre au malade toutes les heures de 5 à 12 gouttes d'*élixir Adam* dans une cuillerée d'eau sucrée, comme boisson : lait frais additionné d'une prise de sel de Vichy.

Ces formes peuvent se combiner, se mélanger et se compliquer de symptômes nerveux, cas où elles se trouvent plus aggravées surtout quand elles s'accompagnent d'épilepsie, de chorée, de paralysie ; la guérison est alors très difficile et elle se produit très lentement.

CHORÉE

La chorée ou danse de Saint-Guy est une névrose convulsive caractérisée par des contractions musculaires involontaires, irrégulières et continuelles. Elle coïncide le plus souvent avec la maladie du jeune âge, elle se montre ordinairement avec le renouvellement des dents consécutivement à l'irritation produite sur les gencives par l'évolution dentaire.

Le traitement de la chorée doit surtout être hygiénique, il faut donner au malade une nourriture concentrée dans laquelle entrera pour une large part la viande, l'exercice au grand air, à la campagne. — Deux douches par jour en jet frappant d'eau froide sur les régions affectées, exercice ensuite; comme traitement interne faire prendre : *pilules* ou *solution antinerveuse Adam.*

ÉPILEPSIE

Encore appelée Haut-Mal, mal caduc, est une affection cérébrale qui se manifeste par des accès périodiques ; les crises peuvent être plus ou moins rapprochées ; leur apparition est soudaine, il y a abolition complète des fonctions des sens et chute du malade sur le sol avec mouvements convulsifs et une salivation écumeuse abondante. Sur le chien cette maladie a généralement pour cause l'affaiblissement de l'organisme, mais elle est fréquemment due aussi à la présence de vers dans l'intestin. Aussi est-il toujours bon de faire précéder le traitement contre l'épilepsie par un vermifuge. Si, après l'administration de ce médicament, on ne remarque aucun changement, on combat alors l'épilepsie proprement dite par le même traitement indiqué plus haut pour la chorée en remplaçant simplement les douches par des bains donnés par saisissement en plongeant instantanément le sujet dans l'eau froide et en le retirant aussitôt pour le sécher et le réchauffer.

AFFECTIONS VERMINEUSES

Le jeune âge des chiens se prête singulièrement à l'introduction des ascarides dans l'intestin dont leur nombre peut s'élever d'une façon invraisemblable ; quelquefois ils remontent le tube intestinal jusqu'à l'estomac, jusqu'au pharynx et on peut les voir être rendus par la bouche dans un vomissement.

Leur présence dans l'intestin peut provoquer plusieurs maladies ; ils dérangent la digestion, provoquent des coliques, des convulsions, l'épilepsie et la chorée, quelquefois même une maladie nerveuse ayant les symptômes de la rage. Les vers du chien sont dangereux pour l'homme et pour les autres animaux qui vivent à son contact. Les propriétaires de chiens devraient bien surveiller les déjections de leurs animaux, car ces derniers sont de grands propagateurs des maladies vermineuses, ils s'en vont partout semer des milliers d'œufs qui sont autant de germes de maladies et quelquefois de mort pour l'homme et les herbivores domestiques. Le plus dangereux est le *ténia* qui est un être composé de colonies dont chaque anneau est un individu complet qui vit dans l'intestin par imbibition comme une éponge. Ce qu'on appelle la tête est simplement un organe d'adhérence, de fixation pour toute la colonie animale. Qu'un des débris qui renferme des centaines d'œufs microscopiques, qu'un de ces œufs même soit avalé avec des légumes ou de l'herbe par l'homme ou par les animaux domestiques et les voilà atteints de kystes hydatiques. La maladie hydatique est très fréquente chez l'homme et les enfants, surtout où les chiens vivent dans les appartements, à Paris principalement.

Nous recommandons donc de ne pas hésiter à débarrasser les chiens de ces vilains hôtes si dangereux, à l'aide du *vermifuge Adam*. Pour les tout jeunes chiens on se sert avec avantage du *semen-contra* très frais.

AFFECTIONS CUTANÉES

Le chien est l'animal domestique le plus éloigné de l'état de nature et sur lequel l'influence de l'homme a le plus de portée, aussi présente-t-il très fréquemment des maladies de peau.

Les dartres, eczéma, rouge, démangeaisons prurigineuses, etc., sont toujours une manifestation locale d'un état général ou diathèse qu'il s'agit avant tout de modifier, voilà pourquoi les traitements exclusivement locaux ont si peu de succès et que ces maladies résistent si souvent. Contre la diathèse dartreuse, le dépuratif par excellence est l'acide arsénieux et l'arséniate de soude à la dose de 6 à 9 granules au milligramme par jour donnés en trois fois dans la journée.

Chez les chiens qui ont tendance à l'engraissement, on remplace le traitement arsenical par un traitement ioduré : iodure de potassium à 0,50 ou 0,60 centigrammes par jour.

Le traitement local ne doit jamais être irritant, comme cela arrive avec le pétrole qui est dangereux, il doit être simplement modificateur. La meilleure préparation et dont l'emploi n'offre aucun danger est le *topique Adam,* en frictions.

En même temps, le régime devra être très nutritif et comprendre par ration un tiers au moins de viande dont une partie crue.

DERMATOSES OCCASIONNÉES PAR DES PARASITES ANIMAUX

Les puces sont des parasites qui pullulent sur la surface du corps des chiens misérables, mal soignés et vieux. Elles occasionnent par leurs piqûres une douleur prurigineuse intense qui oblige les chiens à se gratter avec leurs pattes, à se frotter contre les corps extérieurs ou à se rouler sur le sol. Elles pondent des œufs relativement très gros qui ne sont pas attachés aux poils comme les lentes des poux ; ils tombent dans le lit du chien ou se mêlent à la poussière de la peau et aux déjections des puces adultes, déjections qui ressemblent à de petits grains de sang desséché et c'est dans ces milieux qu'éclosent les larves qui prennent la forme de petits vers très agiles.

Dans le traitement, il faut tout d'abord s'attaquer à la source de ces parasites, c'est-à-dire aux nids où grouillent des milliers de larves; on devra donc échauder à l'aide d'eau bouillante contenant 3 o/o de créoline, les lits, le sol, les fissures du plancher, tous les coins et recoins de l'intérieur de la niche. Ensuite il faut oindre la peau du chien d'huile de laurier ;

après un intervalle de 12 heures, faire suivre les onctions d'un bain savonneux.

IXODES, TIQUES, POUX DE BOIS

Tous les chasseurs connaissent, au moins de vue, les tiques que leurs chiens recueillent fréquemment à la chasse, qui se plantent dans leur peau et sucent le sang de leur victime jusqu'à ce qu'elles aient pris des dimensions exagérées au point de dépasser dix fois le volume qu'elles présentent à l'état de diète. Il faudrait détruire ces parasites au retour de la chasse avant que le chien ne mette les pieds au chenil, car ces derniers, très féconds, infesteraient le chenil où dès lors les chiens se couvriraient de ces parasites. Il faut bien se garder d'arracher les tiques, car leur bec se rompt infailliblement et reste dans la peau et les chiens souffrent cruellement lorsqu'on veut les en débarrasser par arrachement. On provoque la chute des tiques en les touchant avec une goutte d'essence de térébenthine, ou de pétrole, ou de benzine, ou de *créoline*.

PIQURE DE LA VIPÈRE

La vipère est d'autant plus dangereuse que sa taille est plus grande et que les chaleurs sont plus fortes. Elle n'attaque généralement pas, ce n'est que lorsqu'elle se croit menacée, quand le chien, par exemple, lui met la patte sur un point quelconque du corps, qu'elle se roule en cercle, la tête au centre et se lance comme un trait, les mâchoires largement ouvertes, et frappe un coup sec et rapide. Elle ne saisit pas entre ses dents, elle fait une piqûre plutôt qu'une morsure; c'est surtout aux pattes, au nez, aux lèvres, que le chien est atteint. Une douleur immédiate se produit, l'animal fait aussitôt entendre un cri plaintif qui est suivi bientôt d'un tremblement convulsif au moment même de la morsure. Si la région est dépourvue de poils, on peut voir deux petites piqûres rapprochées, quelquefois une seule, qui résultent de la pénétration des dents venimeuses. Bientôt la région se tuméfie, devient chaude, douloureuse, œdémateuse, en même temps que l'animal présente les signes d'une prostration profonde. Les chasseurs eux-mêmes sont souvent exposés à ce même accident. La gravité des morsures des vipères n'est pas toujours la même dans tous les cas, soit que l'activité du venin varie selon les vipères ou les variétés, soit que le reptile ayant mordu depuis peu, son venin soit moins concentré ou moins abondant. Quoi qu'il en soit, nous croyons rendre un service réel aux chasseurs et aux touristes en leur indiquant un remède absolument certain, même dans les cas les plus graves, c'est, du reste, le seul en qui nous avons confiance et à l'aide duquel nous avons toujours obtenu de merveilleux résultats contre la morsure de la vipère. Le nouveau traitement découvert par M. Kauffmann consiste à faire une injection dans le voisinage de la morsure. Tous les chasseurs et explorateurs devraient être munis de la *Trousse du professeur Kauffmann, d'Alfort ;* un mode d'emploi détaillé accompagne la trousse qui contient tout le nécessaire.

LA RAGE

Maladie spécifique, virulente, particulière au chien et au chat, transmissible à l'homme et aux autres animaux. La transmission de cette maladie ne peut s'effectuer que par la contagion, *elle n'est jamais spontanée;* elle a lieu par des morsures faites par des animaux enragés au moyen de l'inoculation dans les plaies de la bave qui possède des propriétés virulentes au plus haut degré. Le chien enragé a des hallucinations, des accès de furie et éprouve une envie irrésistible de mordre tout ce qui est à sa portée et tous les êtres vivants qu'il rencontre; il s'échappe ordinairement du logis de son maître et va parcourir de grandes distances en semant l'épouvante et la contagion sur son passage. Il n'y a pas de symptômes précurseurs bien certains, précédant l'apparition du premier accès de rage. En général, le caractère des chiens change, les uns deviennent bien plus affectueux, plus caressants qu'ils n'étaient normalement; d'autres, au contraire, deviennent sombres, taciturnes. Il faut se méfier du changement de caractère et d'habitudes du chien et se méfier surtout quand on le voit déchirer des tapis, des meubles, s'il n'a pas l'habitude de le faire. Quand la rage se développe, c'est par accès s'accompagnant d'aboiements en fausset caractéristiques comme s'il y avait une gêne dans la gorge. Sur une coupure fraîche ou sur une plaie la bave d'un chien enragé qui y serait déposée peut donner la rage.

Quand un chien a déserté pendant un certain temps la maison de son maître et que dans un moment de calme apparent il y revient, il ne faut pas trop s'empresser de le secourir, mais de le maintenir à l'attache et de le surveiller. On ne saurait jamais être trop prudent.

On ne connaît encore aucun traitement curatif. Comme préservatif, abattre les animaux mordus. Pour l'homme, faire saigner la morsure, laver à grande eau et la cautériser aussitôt que possible, de préférence avec une goutte d'acide azotique... ou avec un fer rouge. Inoculation pastorienne immédiate.

CATARRHE AURICULAIRE

Inflammation aiguë ou chronique de la membrane muqueuse de l'oreille avec augmentation de sa secrétion dont le produit devient mucoso-purulent. C'est une vraie dartre humide de l'intérieur du conduit auditif. Dès que l'on constate que le chien remue ses oreilles, se les frotte avec ses pattes, et que l'intérieur du conduit auditif est rouge, enflammé, humide et odorant, il faut se hâter de guérir cette affection qui provoque toujours de très vives souffrances et des complications graves et souvent incurables. En même temps que l'on traite le mal localement, il faut donner au chien des dépuratifs internes antidartreux. Le traitement local consiste à nettoyer d'abord avec précaution l'intérieur au moyen d'une petite éponge emmanchée d'une baguette et de l'eau tiède un peu savonneuse, puis d'injecter de la *solution anticatarrhale Adam*. L'adaptation d'un béguin relevant l'oreille est un moyen adjuvant fort utile. Le séton au cou est encore indiqué.

CHANCRE AURICULAIRE

On appelle ainsi une petite plaie de l'oreille ayant son siège au bord libre de la conque, particulièrement à la pointe, généralement accompagnée d'un prurit intense qui oblige le chien à se gratter et à secouer fréquemment les oreilles. Cette plaie, sans cesse contrariée dans sa cicatrisation, finit par prendre l'apparence ulcéreuse, parce que le tissu cicatriciel est détruit au fur et à mesure de sa production.

Traitement : immobiliser les oreilles à l'aide d'un solide béguin en filet, bien ajusté, et sur le chancre faire des applications du *topique Adam* deux fois par jour en frictions douces et pénétrantes.

CHANCRE DE LA QUEUE

Les chiens d'arrêt à poil ras ont fréquemment le bout de la queue en sang et cela parce qu'ils fouaillent en quêtant dans les buissons. Pour les guérir il faut badigeonner la surface malade avec la mixture cicatrisante iodoformée et laisser les chiens au repos.

AGGRAVÉE

Cette affection est très fréquente pendant l'époque de la chasse ; elle est encore appelée par les chasseurs : engravée, fourbure, pieds échauffés. Par elle-même, cette maladie n'est pas grave sur les chiens qui en sont atteints, mais elle l'est davantage pour leurs propriétaires, car si le dicton anglais (No foot no horse) est vrai pour les chevaux, il est également vrai pour les chiens au moment de la chasse (No foot no dog). C'est un échauffement de tout le pied, qui est gonflé, douloureux et rouge, c'est la fourbure du chien qui est occasionnée par excès de fatigue, surtout sur des terrains durs, secs ou gelés. Souvent les tubercules plantaires se décollent dans le cours de cette affection et les pieds sont à vif. Cette maladie exige un repos complet et, sur les pieds malades, des cataplasmes de blanc d'œuf, de suie tamisée et de vinaigre, parties égales.

USURE DE LA SOLE

C'est encore un accident assez fréquent pendant la période de la chasse. Lorsque les tubercules commencent à être usés et amincis, ce qui est accusé par un peu de boiterie, il faut alors appliquer à ce moment, sous les coussinets ou tubercules plantaires, une petite couche de vrai goudron de Norvège qui excite le renouvellement de cette couche de corne souple qui constitue les tubercules en question.

ECZÉMA INTERDIGITÉ

Ce mal est caractérisé par de la chaleur, de la rougeur et de l'humidité entre les doigts. Il faut panser tous les jours la surface malade avec du *topique Adam* et faire prendre, à titre dépuratif, 8 granules par jour d'*arséniate de soude* en deux fois jusqu'à la guérison.

SOINS A DONNER AUX MÈRES AVANT L'ACCOUCHEMENT

Pour que l'accouchement se fasse normalement, il faut promener la chienne tous les jours sans exercices violents, diminuer la quantité de pain, farineux et légumes dans sa ration et augmenter celle de la viande, de manière à ne pas lui remplir le ventre tout en lui donnant beaucoup de forces et laisser faire la nature.

TUMEURS DES MAMELLES

Ces tumeurs, surtout quand elles sont ulcérées, cèdent rarement à un traitement médical, il faut toujours recourir à un traitement chirurgical qui est généralement suivi d'un plein succès; ne pas attendre que l'organisme soit épuisé par le travail d'ulcération.

Au début, on peut essayer les applications de pommade fondande iodurée.

Si la ou les tumeurs sont bien détachées, qu'on puisse étreindre facilement le pédicule au moyen d'un cordon de caoutchouc, il sera facile de les faire tomber spontanément, il ne reste plus, après la chute, qu'une plaie simple qui se cicatrisera facilement par l'emploi d'une pommade phéniquée.

SUPPRESSION DES NOUVEAU-NÉS SOINS CONSÉCUTIFS A DONNER A LA MÈRE POUR FAIRE PASSER LE LAIT

Les précautions à prendre pour faire passer le lait sont les suivantes :

1° Faire prendre de l'*Elixir antilaiteux ;* 2° administrer tous les deux jours, le matin à jeun, un petit purgatif diurétique; 3° badigeonner les mamelles avec un mélange de blanc d'Espagne et de vinaigre; 4° extraire le lait des mamelles trop tendues par des pressions méthodiques du mamelon et renouveler le badigeonnage des mamelles soir et matin, jusqu'à ce que les mamelles soient suffisamment rétractées. Diminuer la quantité de boisson autant que possible.

Au bout de cinq à six jours, la chienne peut être remise en chasse.

MALADIE DES FURETS

La maladie des furets se caractérise par un jetage par le nez et les yeux et une forte diarrhée, elle est très contagieuse et a causé pendant l'hiver de 1893 des ravages terribles en Champagne.

La cause principale de l'intensité de cette maladie était due à la mauvaise hygiène dans laquelle étaient tenus les malheureux furets, nourris exclusivement au lait, eux qui sont essentiellement carnivores.

M. Megnin, qui s'est particulièrement occupé de cette maladie meurtrière, ordonne pour la combattre, avant tout, de changer de régime.

« Qu'on laisse le pain et le lait, dit-il, mais qu'on « y ajoute des œufs, des yeux de lapins, des petits « oiseaux; que chaque furet ait son moineau par jour.

« Il faut les loger dans des boîtes très hygiéniques « et non pas dans des tonneaux, dans des caisses sans « air comme on en a l'habitude. Que ces boîtes « soient à compartiments, de manière que la chambre « à coucher soit au premier, et au rez-de-chaussée « un compartiment sablé pour les ordures.

« Enfin une fois la maladie déclarée, il faut désinfec- « ter tous les jours la boîte à la créoline et avoir des « boîtes de rechange. Administrer comme traitement « 0.25 centigrammes de *salol*, soit en pilules, soit dans « un peu de viande ; laver les yeux et le nez avec une « solution salicylée. »

J. ADAM, médecin-vétérinaire

2 *bis*, avenue de Poissy, à Maisons-Laffitte,

près Paris.

PRODUITS VÉTÉRINAIRES PERFECTIONNÉS

Spécialement préparés pour la médecine des Chiens

PAR

J. ADAM, MÉDECIN-VÉTÉRINAIRE

à Maisons-Laffitte (près Paris)

Ces produits sont de premier choix, composés avec la plus scrupuleuse exactitude et les soins les plus minutieux.

PRIX COURANT

franco par poste et emballage compris

TOPIQUE ADAM

Indispensable pour la guérison de la gale, des dartres, de l'eczéma, des démangeaisons et, en général, de toutes les maladies de la peau du chien. Tout traitement fait au moyen du *Topique Adam* est exempt des dangers d'empoisonnement; de plus, sa forme onguentaire le fait employer de préférence aux formes liquides dont l'action est moins continue et moins pénétrante.

Le *Topique Adam* est également employé avec succès pour guérir les affections de la peau chez le cheval.

Prix, franco : 3 francs .

Spécifique contre la Gale folliculaire

Tout chien atteint de la terrible gale folliculaire était jusqu'à ce jour considéré comme perdu à cause de l'incurabilité de cette maladie. Après de longues et patientes recherches nous sommes parvenus à composer un produit qui guérit cette affection. Notre composition n'offre en outre aucun danger dans son usage.

Prix, franco : 5 francs.

SOLUTION ANTICATARRHALE

ADAM

Cette solution est d'une efficacité certaine contre le *Catarrhe auriculaire* du chien qui lui provoque de très vives souffrances et des complications toujours graves et souvent incurables.

Plus le catarrhe est ancien, plus il est difficile d'en triompher à cause des ulcérations et des végétations polypeuses qui se produisent et qui finissent par amener l'occlusion complète du conduit auditif et consécutivement une surdité incurable; aussi est-il indiqué de se servir sans retard de la *Solution Anticatarrhale* dès que l'on constate que le chien secoue ses oreilles, se frotte avec ses pattes et que l'intérieur du conduit auditif est rouge, enflammé et produit un écoulement muqueux.

Prix, franco par la poste: 3 francs.

VERMIFUGE ADAM

Ce vermifuge tue et expulse rapidement tous les vers intestinaux du chien et le ténia en particulier dont la destruction est ordinairement si difficile par les autres moyens.

Prix, franco : 3 francs

Poudre antiaphrodisiaque Adam

Cette poudre fait passer la chaleur des chiennes, ce qui est très avantageux au moment de la chasse principalement. La poudre antiaphrodisiaque n'empêche pas les prochaines chaleurs de se montrer à leur période habituelle, c'est-à dire six mois après.

Prix, franco : 1 fr. 50

MÉDICAMENTS SPÉCIAUX

Antichancre auriculaire Adam..	La boîte	2 50
Elixir Adam pour guérir la maladie du jeune âge	Le flacon	3 »
Elixir antilaiteux pour faire passer le lait aux chiennes	—	2 50
Granules dosimétriques		2 » à 3 »
Huile de laurier pure	Le pot	1 50
Mixture cicatrisante iodoformée..	Le flacon	2 »
Pilules antinerveuses contre la chorée et l'épilepsie.	La boîte	3 »
Pilules dépuratives contre la diathèse dartreuse	Le flacon	2 »
Pommade stibiée	Le pot	1 50
Poudre vermifuge de semen-contra frais pour jeunes chiens . .	La boîte	1 50
Poudre d'os	—	2 »
Poudre pectorale contre la bronchite	—	2 »
Poudre antiaphrodisiaque Adam pour faire passer les chaleurs..	—	1 50
Savon hygiénique pour détruire la vermine	Le morceau	1 50
Solution anticatarrhale Adam contre le catarrhe auriculaire..	Le flacon	3 »
Sedlitz granulé, purgatif rafraîchissant, dépuratif	—	2 »
Topique Adam contre les maladies de peau.	Le pot	3 »
Tube d'émétique pour vomissement.	Le tube	1 »
Vermifuge Adam	Le flacon	3 »
Sel de Vichy en paquets	La boîte	1 »
Spécifique Adam contre la gale folliculaire	Le pot	5 »

Paris. — Imp. PAUL DUPONT, 4, rue du Bouloi. — 1066.7.94

www.ingramcontent.com/pod-product-compliance
Ingram Content Group UK Ltd.
Pitfield, Milton Keynes, MK11 3LW, UK
UKHW020219180726
13838UKWH00005B/2084